小学 **2・3**年

分野別 算数ドリル

② 長さ・かさ・重さ

清風堂書店

本シリーズの特色＆使い方

　小学校で習う算数には、いろいろな分野があります。

　計算の分野なら、たし算・ひき算・かけ算・わり算などの四則計算があり、4年生ぐらいで一通り学習します。これらの基礎をもとにして小数の四則計算、分数の四則計算などが要求されます。

　図形の分野なら、三角形、四角形の定義からはじめ、正方形、長方形の性質、面積の計算、さらに平行四辺形の面積や三角形、台形、ひし形の面積、円の面積なども求めることが要求されます。体積についても同じです。

　長さ・かさ・重さなどの単位の学習は、ほとんど小学校で習うだけで、中学以降はあまりふれられません。これらの内容は、しっかり習熟しておく必要があります。

　本シリーズは、次の6つの分野にしぼって編集しました。

① 時間と時こく　　② 長さ・かさ・重さ　　③ 小数・分数

④ 面積・体積　　⑤ 単位量あたり　　⑥ 割合・比

　1日1項目ずつ学習すれば、最短で16日間、週に4日の学習でも1か月で完成します。子どもたちが日ごろ使っている学習ノートをイメージして編集したので、抵抗感なく使えるものと思います。

　また、苦手意識を取り除くために、「うそテスト」「本テスト」「たしかめ」の3ステップ方式にしています。

　本シリーズで苦手分野を克服し、算数が好きになってくれることを祈ります。

厳選された基本問題をのせてあります。

薄い文字などを問題自体につけて、その問題を解くために必要な内容をアドバイスしています。ゆっくりで構いませんので、取り組みましょう。

また、右ページの上には、その項目のねらいをかきました。

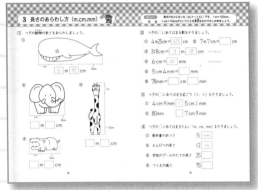

ステップ2

苦手意識をもっている子でも、取り組みやすいように「うそテスト」と同じ問題をのせてあります。一度、解いているのでアドバイスなしで解きます。

ここで満点をとって大いに自信をつけてもらいます。

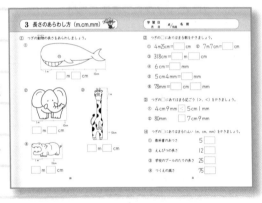

ステップ3

本テストの内容と数が少し変わっている問題をのせてあります。

これができていればもう大丈夫です。

次の項目に進みましょう。

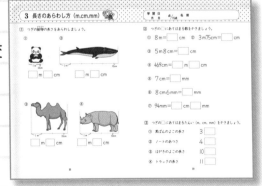

目次&学習記録

学習日、成績をかいて、完全理解をめざそう！

学 習 内 容	うそテスト	本テスト	たしかめ
	学 習 日	学 習 日	学 習 日
	○点／○点	○点／○点	○点／○点
9. かさのあらわし方 (L, dL) ………54	月　　日 点／15点	月　　日 点／15点	月　　日 点／15点
10. かさのあらわし方 (L, dL, mL) …60	月　　日 点／16点	月　　日 点／16点	月　　日 点／16点
11. かさの計算 (L, dL) ………66	月　　日 点／10点	月　　日 点／10点	月　　日 点／10点
12. 重さくらべ ………72	月　　日 点／9点	月　　日 点／9点	月　　日 点／7点
13. はかりを読む ………78	月　　日 点／14点	月　　日 点／14点	月　　日 点／14点
14. 重さのあらわし方 (kg, g) ………84	月　　日 点／14点	月　　日 点／14点	月　　日 点／15点
15. 重さの計算 ………90	月　　日 点／9点	月　　日 点／9点	月　　日 点／9点
16. いろいろな重さ ………96	月　　日 点／20点	月　　日 点／20点	月　　日 点／15点

① 長い方に○をつけましょう。

① ⑦（○）
　 ⑦（　）

② ⑦（　）
　 ⑦（○）

③ ⑦（　）
　 ⑦（　）

④ ⑦（　）
　 ⑦（　）

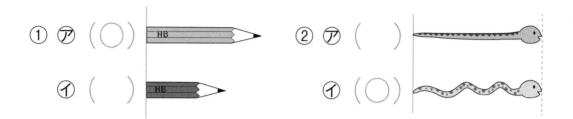

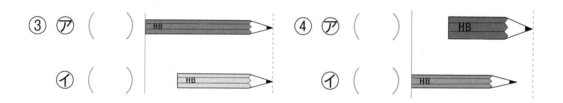

② つぎの⑦と⑦の長さくらべをしましょう。

⑦

⑦

① ⑦と⑦は、それぞれ □ の何こ分ありますか。

⑦（ 10 ）こ分　　　　⑦（　　　）こ分

② どちらの方が、□ の何こ分長いですか。

答え（　　　）の方が（　　　）こ分長い

6

③ 生き物(いきもの)の絵をかきました。それぞれ何マス分ありますか。

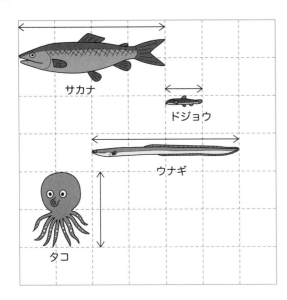

① サカナ　（　4　）マス分

② ドジョウ（　　　）マス分

③ ウナギ　（　　　）マス分

④ タコ　　（　　　）マス分

④ つぎの長さは、それぞれ何cmですか。

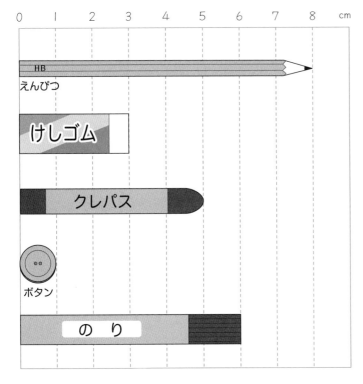

① えんぴつ
　（　8　）cm

② けしゴム
　（　　　）cm

③ クレパス
　（　　　）cm

④ ボタン
　（　　　）cm

⑤ のり
　（　　　）cm

7

1 長さくらべ

1　長い方に〇をつけましょう。

① ㋐（　　）　② ㋐（　　）

　 ㋑（　　）　　 ㋑（　　）

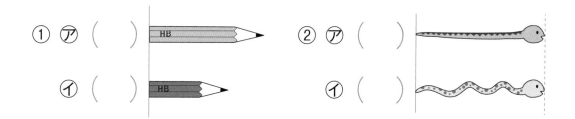

③ ㋐（　　）　④ ㋐（　　）

　 ㋑（　　）　　 ㋑（　　）

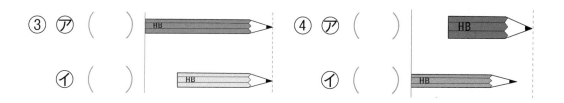

2　つぎの㋐と㋑の長さくらべをしましょう。

㋐
㋑

①　㋐と㋑は、それぞれ□の何こ分ありますか。

㋐（　　　　）こ分　　　　㋑（　　　　）こ分

②　どちらの方が、□の何こ分長いですか。

答え（　　　　）の方が（　　　　）こ分長い

③ 生き物の絵をかきました。それぞれ何マス分ありますか。

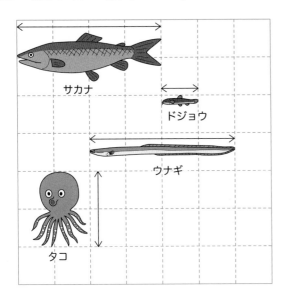

① サカナ　（　　　）マス分

② ドジョウ（　　　）マス分

③ ウナギ　（　　　）マス分

④ タコ　　（　　　）マス分

④ つぎの長さは、それぞれ何cmですか。

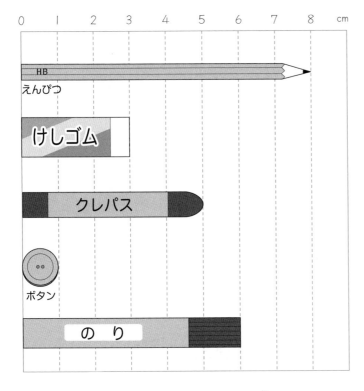

① えんぴつ
（　　　）cm

② けしゴム
（　　　）cm

③ クレパス
（　　　）cm

④ ボタン
（　　　）cm

⑤ のり
（　　　）cm

1 長さくらべ

たしかめ

① 長い方に○をつけましょう。

① ㋐ （　　）
　 ㋑ （　　）
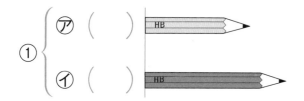

② ㋐ （　　）
　 ㋑ （　　）

③ ㋐ （　　）
　 ㋑ （　　）

④ ㋐ （　　）
　 ㋑ （　　）

⑤ ㋐ （　　）
　 ㋑ （　　）

10

2　つぎの①〜④は、それぞれ何マス分ありますか。

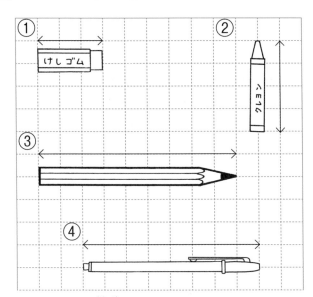

① （　　　）マス分

② （　　　）マス分

③ （　　　）マス分

④ （　　　）マス分

3　つぎの動物の絵は、それぞれ何cmですか。

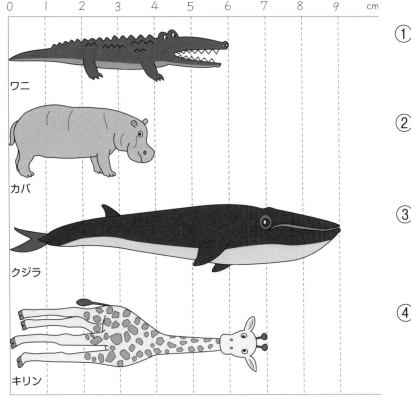

① ワニ

　（　　　）cm

② カバ

　（　　　）cm

③ クジラ

　（　　　）cm

④ キリン

　（　　　）cm

2 長さのあらわし方（cm，mm）

① つぎの⑦〜⑦の中で、正しいはかり方はどれですか。記ごう
で答えましょう。

（⑦）

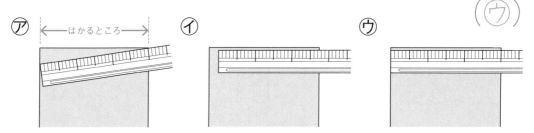

② つぎの長さは、何cmですか。

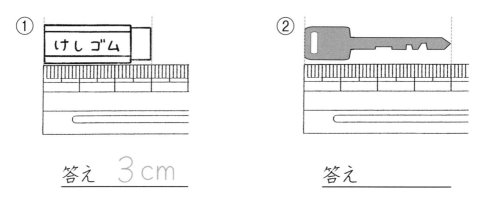

答え 3cm

答え _____

③ つぎの⑦と⑦では、どちらが何cm長いですか。

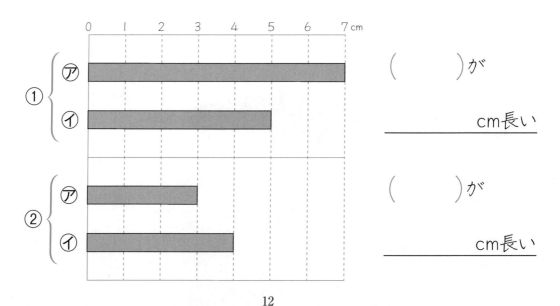

（　　　）が

_____ cm長い

（　　　）が

_____ cm長い

12

4　つぎの①～④のテープの長さは、何cm何mmですか。

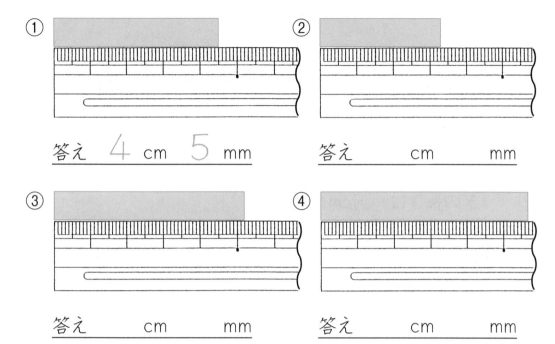

① 答え　4 cm　5 mm

② 答え　　　cm　　　mm

③ 答え　　　cm　　　mm

④ 答え　　　cm　　　mm

5　左のはしから①～④がさしている長さをかきましょう。

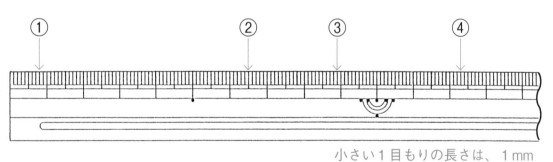

小さい1目もりの長さは、1mm

①　　　　　　　　mm　　②　　　cm　　　mm

③　　　cm　　　mm　　④　　　cm　　　mm

13

2 長さのあらわし方（cm，mm）

1 つぎの⑦〜⑦の中で、正しいはかり方はどれですか。記ごう
で答えましょう。

（　　）

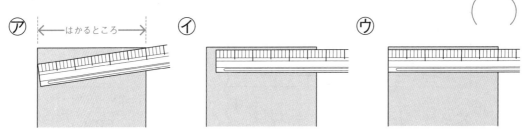

⑦ ←はかるところ→　　⑦　　　　　　　　　　⑦

2 つぎの長さは、何cmですか。

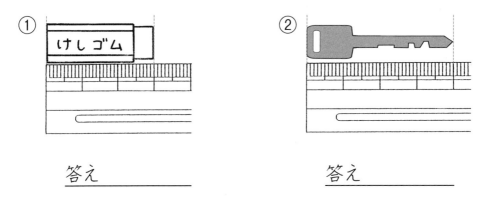

①　けしゴム　　　　　　　　②

答え _____　　　　　答え _____

3 つぎの⑦と⑦では、どちらが何cm長いですか。

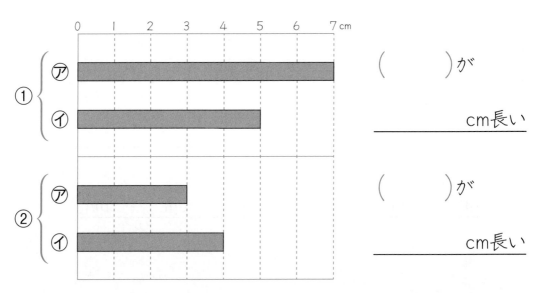

① {⑦ ⑦

（　　　　　）が

_____ cm長い

② {⑦ ⑦

（　　　　　）が

_____ cm長い

14

4　つぎの①〜④のテープの長さは、何cm何mmですか。

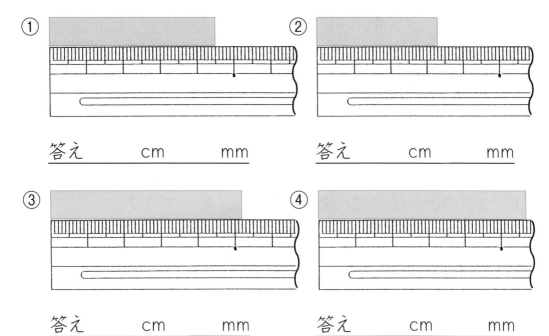

① 答え　　　　cm　　　　mm

② 答え　　　　cm　　　　mm

③ 答え　　　　cm　　　　mm

④ 答え　　　　cm　　　　mm

5　左のはしから①〜④がさしている長さをかきましょう。

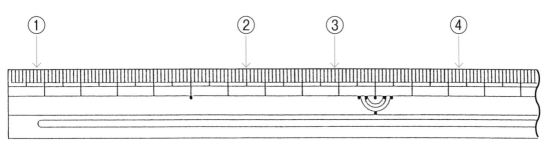

①　　　　　　　　mm

②　　　　cm　　　　mm

③　　　　cm　　　　mm

④　　　　cm　　　　mm

2 長さのあらわし方 (cm, mm)

1 つぎの⑦〜⑪の中で、正しいはかり方に○をつけましょう。

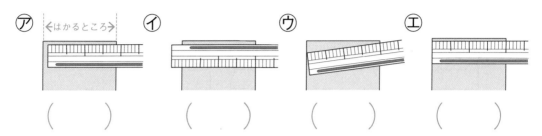

⑦ ←はかるところ→　⑦　　　⑦　　　⑪

( )　　　( )　　　( )　　　( )

2 つぎの⑦と⑦では、どちらが何cm長いですか。

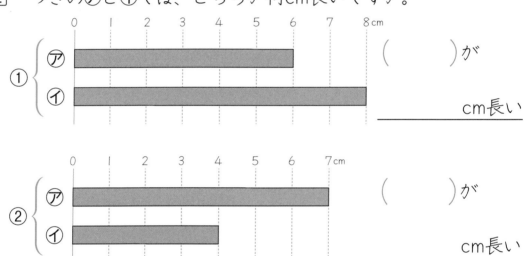

① ( )が

_____ cm長い

② ( )が

_____ cm長い

3 つぎの長さは、何cmですか。

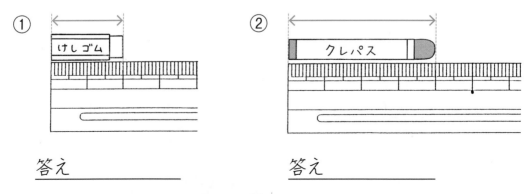

① けしゴム

② クレパス

答え _____　　　答え _____

16

4　つぎの①〜③のテープの長さは何cm何mmですか。

①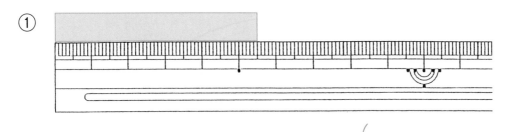

（　　　　　　　）

②

（　　　　　　　）

③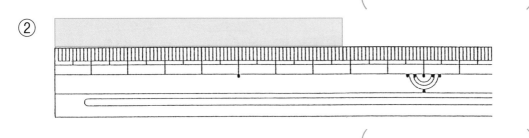

（　　　　　　　）

5　左のはしから①〜④がさしている長さをかきましょう。

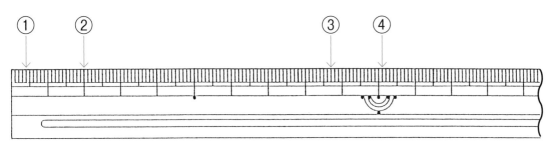

① _____　　② _____

③ _____　　④ _____

3 長さのあらわし方 (m,cm,mm)

1 つぎの動物の長さをあらわしましょう。

①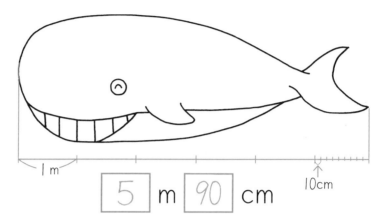

$\boxed{5}$ m $\boxed{90}$ cm

②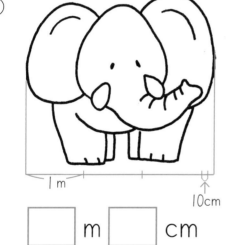

$\boxed{}$ m $\boxed{}$ cm

③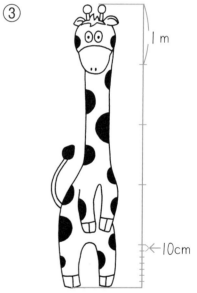

$\boxed{}$ m $\boxed{}$ cm

④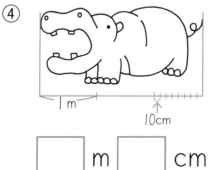

$\boxed{}$ m $\boxed{}$ cm

ねらい

月　　日

長さのもとになった「m（メートル）」です。　1 m＝100cm、
1 cm＝10mmだということを身近（みぢか）なものでたしかめましょう。

2　つぎの□にあてはまる数をかきましょう。

① 4m25cm＝ 425 cm　　② 7m7cm＝ □ cm

③ 318cm＝ 3 m 18 cm　　1 m＝100 cm

④ 6cm＝ 60 mm　　1 cm＝10 mm

⑤ 5cm4mm＝ □ mm

⑥ 78mm＝ □ cm □ mm

3　つぎの□にあてはまる記ごう（＞，＜）をかきましょう。

① 4cm9mm ＜ 5cm1mm

② 80mm □ 7cm9mm

4　つぎの□にあてはまるたんい（m，cm，mm）をかきましょう。

① 教科書のあつさ　　　　　5 mm

② えんぴつの長さ　　　　　12 cm

③ 学校のプールのたての長さ　25 □

④ つくえの高さ　　　　　75 □

3 長さのあらわし方 （m,cm,mm）

1 つぎの動物の長さをあらわしましょう。

①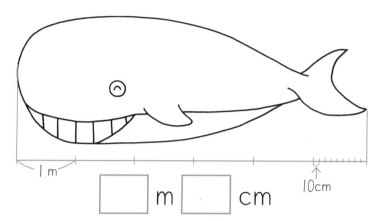

1m　　　　　　　　　　　10cm

□ m □ cm

②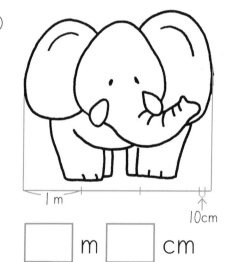

1m　　　　　10cm

□ m □ cm

③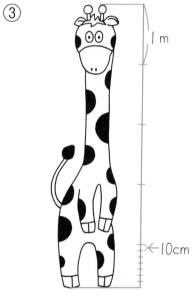

1m

10cm

□ m □ cm

④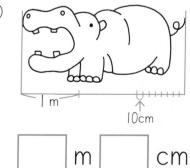

1m

10cm

□ m □ cm

20

2　つぎの□にあてはまる数をかきましょう。

① 4m25cm=□cm　② 7m7cm=□cm

③ 318cm=□m□cm

④ 6cm=□mm

⑤ 5cm4mm=□mm

⑥ 78mm=□cm□mm

3　つぎの□にあてはまる記ごう（＞，＜）をかきましょう。

① 4cm9mm ＜ 5cm1mm

② 80mm □ 7cm9mm

4　つぎの□にあてはまるたんい（m，cm，mm）をかきましょう。

① 教科書のあつさ　　　　　5□

② えんぴつの長さ　　　　　12□

③ 学校のプールのたての長さ　25□

④ つくえの高さ　　　　　　75□

1 つぎの動物の長さをあらわしましょう。

① ②

□ m □ cm   □ m □ cm

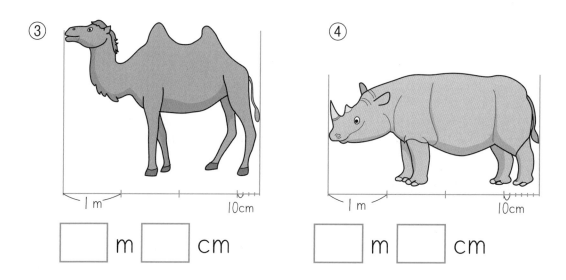

③ ④

□ m □ cm   □ m □ cm

2　つぎの□にあてはまる数をかきましょう。

①　8m=□cm　　②　3m75cm=□cm

③　5m8cm=□cm

④　469cm=□m□cm

⑤　7cm=□mm

⑥　8cm6mm=□mm

⑦　94mm=□cm□mm

3　つぎの□にあてはまるたんい（m，cm，mm）をかきましょう。

①　黒ばんのよこの長さ　　　3□

②　ノートのあつさ　　　　　4□

③　はがきのよこの長さ　　　10□

④　トラックの長さ　　　　　11□

23

4 長さの計算（cm，mm）

1 つぎの計算をしましょう。

① 3cm6mm＋3mm＝ 3 cm 9 mm

	cm		mm
		3	6
＋			3
		3	9

cmのへや　　mmのへや

② 4cm8mm＋5cm6mm＝ ☐ cm ☐ mm

	cm		mm
		4	8
＋		5	6
	1	0¹	4

10mmで1cmにくり上がる

③ 2cm7mm＋3cm2mm＝ ☐ cm ☐ mm

④ 6cm5mm＋5mm＝ ☐ cm

⑤ 8cm9mm＋5cm4mm＝ ☐ cm ☐ mm

⑥ 13cm6mm＋6cm8mm＝ ☐ cm ☐ mm

ん

ねらい　月　日　cmどうし、mmどうしを計算します。それぞれのたんいのへやに分けて考えれば、ひっ算と同じやり方でできます。

2　つぎの計算をしましょう。

① 24cm 6mm − 6cm = 18 cm 6 mm

	cm		mm
	2	4	6
−		6	
	1	8	6

←6cmだから、6はcmのへやにかく

② 35cm 4mm − 18cm 7mm = ☐ cm ☐ mm

	cm		mm
−			

③ 7cm 7mm − 3cm 2mm = ☐ cm ☐ mm

④ 23cm 6mm − 6cm = ☐ cm ☐ mm

⑤ 9cm 3mm − 8cm 5mm = ☐ mm

⑥ 25cm 3mm − 17cm 4mm = ☐ cm ☐ mm

4 長さの計算 （cm，mm）

1 つぎの計算をしましょう。

① 3cm6mm＋3mm＝ □ cm □ mm

	cm		mm
＋			

② 4cm8mm＋5cm6mm＝ □ cm □ mm

	cm		mm
＋			

③ 2cm7mm＋3cm2mm＝ □ cm □ mm

④ 6cm5mm＋5mm＝ □ cm

⑤ 8cm9mm＋5cm4mm＝ □ cm □ mm

⑥ 13cm6mm＋6cm8mm＝ □ cm □ mm

② つぎの計算をしましょう。

① 24cm6mm − 6cm = ☐ cm ☐ mm

	cm		mm
−			

② 35cm4mm − 18cm7mm = ☐ cm ☐ mm

	cm		mm
−			

③ 7cm7mm − 3cm2mm = ☐ cm ☐ mm

④ 23cm6mm − 6cm = ☐ cm ☐ mm

⑤ 9cm3mm − 8cm5mm = ☐ mm

⑥ 25cm3mm − 17cm4mm = ☐ cm ☐ mm

4 長さの計算（cm，mm）

① つぎの計算をしましょう。

① 15cm4mm＋4cm＝□cm□mm

	cm		mm
＋			

② 27cm4mm＋3cm7mm＝□cm□mm

	cm		mm
＋			

③ 9cm5mm＋2cm3mm＝□cm□mm

④ 10cm2mm＋2cm＝□cm□mm

⑤ 3cm6mm＋6cm4mm＝□cm

⑥ 18cm7mm＋25cm8mm＝□cm□mm

2 つぎの計算をしましょう。

① 35cm 9 mm − 23cm 5 mm = □ cm □ mm

	cm		mm
−			

② 43cm 3 mm − 27cm 8 mm = □ cm □ mm

	cm		mm
−			

③ 8 cm 6 mm − 6 cm 2 mm = □ cm □ mm

④ 13cm 8 mm − 8 cm = □ cm □ mm

⑤ 17cm 2 mm − 13cm 4 mm = □ cm □ mm

⑥ 24cm 4 mm − 18cm 9 mm = □ cm □ mm

1　つぎの計算をしましょう。

① 13m65cm＋75cm＝ 14 m 40 cm

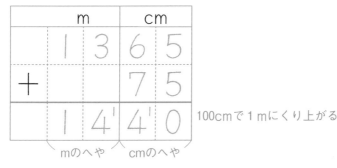

100cmで1mにくり上がる

② 7m45cm＋2m67cm＝ □ m □ cm

	m		cm	
＋				

③ 40cm＋3m10cm＝ □ m □ cm

④ 35m20cm＋4m80cm＝ □ m

⑤ 18m34cm＋11m57cm＝ □ m □ cm

⑥ 26m56cm＋19m55cm＝ □ m □ cm

2 つぎの計算をしましょう。

① 34m27cm－27m＝ $\boxed{7}$ m $\boxed{27}$ cm

m		cm	
3	4	2	7
－ 2	7		
	7	2	7

② 10m40cm－7m55cm＝ $\boxed{}$ m $\boxed{}$ cm

m		cm	
－			

③ 10m30cm－6m15cm＝ $\boxed{}$ m $\boxed{}$ cm

④ 53m49cm－49m＝ $\boxed{}$ m $\boxed{}$ cm

⑤ 8m42cm－7m38cm＝ $\boxed{}$ m $\boxed{}$ cm

⑥ 47m45cm－24m50cm＝ $\boxed{}$ m $\boxed{}$ cm

1 つぎの計算をしましょう。

① 13m65cm＋75cm＝ ☐ m ☐ cm

	m		cm	
＋				

② 7m45cm＋2m67cm＝ ☐ m ☐ cm

	m		cm	
＋				

③ 40cm＋3m10cm＝ ☐ m ☐ cm

④ 35m20cm＋4m80cm＝ ☐ m

⑤ 18m34cm＋11m57cm＝ ☐ m ☐ cm

⑥ 26m56cm＋19m55cm＝ ☐ m ☐ cm

2 つぎの計算をしましょう。

① 34m27cm − 27m = ☐ m ☐ cm

	m		cm
−			

② 10m40cm − 7m55cm = ☐ m ☐ cm

	m		cm
−			

③ 10m30cm − 6m15cm = ☐ m ☐ cm

④ 53m49cm − 49m = ☐ m ☐ cm

⑤ 8m42cm − 7m38cm = ☐ m ☐ cm

⑥ 47m45cm − 24m50cm = ☐ m ☐ cm

33

5 長さの計算（m，cm）

1 つぎの計算をしましょう。

① 14m50cm＋55cm＝ ☐ m ☐ cm

	m		cm	
＋				

② 8 m35cm＋2 m77cm＝ ☐ m ☐ cm

	m		cm	
＋				

③ 60cm＋4 m20cm＝ ☐ m ☐ cm

④ 56m40cm＋60cm＝ ☐ m

⑤ 24m24cm＋15m80cm＝ ☐ m ☐ cm

⑥ 37m45cm＋28m75cm＝ ☐ m ☐ cm

2　つぎの計算をしましょう。

① 24m76cm－18m30cm＝☐ m ☐ cm

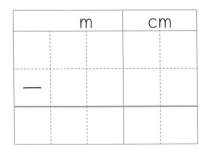

② 45m18cm－18m50cm＝☐ m ☐ cm

③ 12m50cm－6 m35cm＝☐ m ☐ cm

④ 67m53cm－53m＝☐ m ☐ cm

⑤ 9 m26cm－8 m40cm＝☐ cm

⑥ 58m38cm－35m80cm＝☐ m ☐ cm

1　つぎの図を見て、あとの問いに答えましょう。

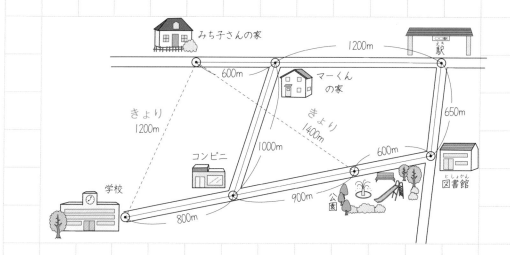

① みち子さんの家から学校までの道のりときょりの長さをもとめましょう。

　⑦　道のり［マーくんの家、コンビニを通る］

　　式

　　　　　　　　　　　　　　　　　　答え　2400　　　m

　⑦　きょり

　　　　　　　　　　　　　　　　　　答え　1200　　　m

② みち子さんの家から公園に行くのに、一番みじかい道のりときょりでは、どちらが何mみじかいですか。

　式

　　答え（　　　　　　　　　）が

2 コータの家から図書館へ行く道は、図のように4通りです。

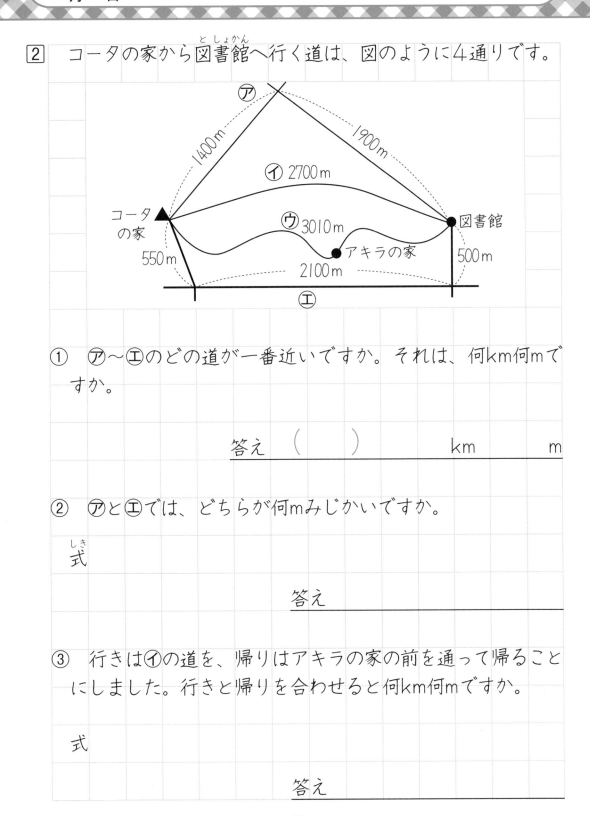

① ⑦～⊕のどの道が一番近いですか。それは、何km何mで
すか。

答え　（　　　）　　　km　　　　　　m

② ⑦と⊕では、どちらが何mみじかいですか。

式

答え

③ 行きは⊙の道を、帰りはアキラの家の前を通って帰ること
にしました。行きと帰りを合わせると何km何mですか。

式

答え

6 きょりと道のり

1 つぎの図を見て、あとの問いに答えましょう。

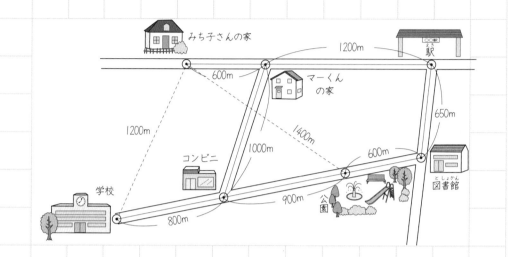

① みち子さんの家から学校までの道のりときょりの長さをもとめましょう。

⑦ 道のり［マーくんの家、コンビニを通る］

式

答え _____ m

④ きょり

答え _____ m

② みち子さんの家から公園に行くのに、一番みじかい道のりときょりでは、どちらが何mみじかいですか。

式

答え (_____) が

38

2　コータの家から図書館へ行く道は、図のように4通りです。

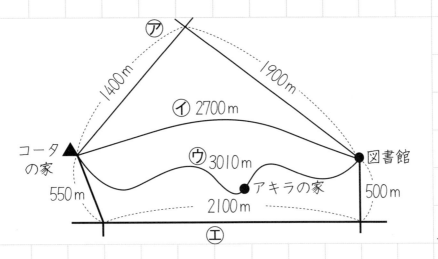

① ⑦～①のどの道が一番近いですか。それは、何km何mですか。

答え　（　　　）　　　　km　　　　m

② ⑦と①では、どちらが何mみじかいですか。

式

答え

③ 行きは⑦の道を、帰りはアキラの家の前を通って帰ることにしました。行きと帰りを合わせると何km何mですか。

式

答え

① つぎの図を見て、あとの問いに答えましょう。

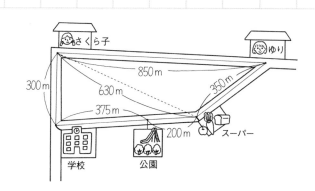

① さくら子さんの家からスーパーへ行く道のりときょりをもとめましょう。

　⑦　ゆりさんの家の前を通るときの道のり

答え _____ m

　⑦　学校の前を通るときの道のり

答え _____ m

　⑦　きょり

答え _____ m

② 公園へ行くのに、さくら子さんとゆりさんでは、どちらの方が何m遠いですか。それぞれ一番みじかい道のりを通ります。

式

答え

40

2　つぎの図を見て、あとの問いに答えましょう。

① ヒロシの家から図書館まで行くのに、同じ道を通らないで一番みじかいのは何mですか。

式

答え　　　　　　　　m

② ヒロシの家から図書館までのきょりと、同じ長さで行ける道のりは、どこからどこまでですか。

㋐　ヒロシの家→ ☐ → ☐

㋑　☐ →公園→ ☐ → ☐

㋒　☐ →図書館→ ☐

7 長さのあらわし方（km，m）

1　つぎの□にあてはまる数をかきましょう。

① 3km ＝ 3000 m　　② 4000m ＝ 4 km

③ 3040m ＝ □ km □ m

④ 2km70m ＝ □ m

2　つぎの□にあてはまる記ごう（＞，＜，＝）をかきましょう。

① 3km500m ＞ 3499m

② 1680m □ 1km700m

③ 10km □ 10000m

3　つぎの□にあてはまるたんい（km，m）をかきましょう。

① 大阪（おおさか）から東京までのきょり　550 □

② ふじ山の高さ　　　　　　　　3776 □

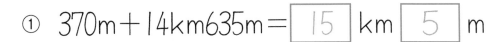

4　つぎの計算をしましょう。

① 370m＋14km635m＝ 15 km 5 m

km	m
	3 7 0
＋ 1 4	6 3 5
1 5	0 0 5

kmのへや　　mのへや

② 2km500m＋3km300m＝ ☐ km ☐ m

③ 700m＋5km600m＝ ☐ km ☐ m

④ 2km－745m＝ ☐ km ☐ m

km	m
	2 0 0 0
－	7 4 5
	1 2 5 5

← 2km＝2000m

⑤ 7km400m－5km200m＝ ☐ km ☐ m

⑥ 15km435m－10km500m＝ ☐ km ☐ m

43

7 長さのあらわし方 （km, m）

1 つぎの □ にあてはまる数をかきましょう。

① 3km = □ m   ② 4000m = □ km

③ 3040m = □ km □ m

④ 2km70m = □ m

2 つぎの □ にあてはまる記ごう （>, <, =） をかきましょう。

① 3km500m □ 3499m

② 1680m □ 1km700m

③ 10km □ 10000m

3 つぎの □ にあてはまるたんい （km, m） をかきましょう。

① 大阪（おおさか）から東京までのきょり 550 □

② ふじ山の高さ 3776 □

4 つぎの計算をしましょう。

① $370m + 14km635m =$ ☐ km ☐ m

	km			m		
+						

② $2km500m + 3km300m =$ ☐ km ☐ m

③ $700m + 5km600m =$ ☐ km ☐ m

④ $2km - 745m =$ ☐ km ☐ m

	km			m		
−						

⑤ $7km400m - 5km200m =$ ☐ km ☐ m

⑥ $15km435m - 10km500m =$ ☐ km ☐ m

7 長さのあらわし方 （km，m）

1 つぎの□にあてはまる数をかきましょう。

① 7km＝□m   ② 10000m＝□km

③ 5045m＝□km□m

④ 12km8m＝□m

2 つぎの□にあてはまる記ごう （＞，＜，＝） をかきましょう。

① 6001m □ 5km999m

② 3km9m □ 3009m

③ 4km500m □ 4501m

3 つぎの□にあてはまるたんい （km，m） をかきましょう。

① シロナガスクジラの体の長さ 33 □

② マラソンのおよその道のり 42 □

4 つぎの計算をしましょう。

① 4km520m＋480m＝ □ km

km	m

② 2km450m＋3km305m＝ □ km □ m

③ 9km800m＋200m＝ □ km

④ 3km－835m＝ □ km □ m

km	m

⑤ 7km850m－4km350m＝ □ km □ m

⑥ 20km350m－15km625m＝ □ km □ m

47

8 かさくらべ

1 つぎの入れもので、かさの多い方に〇をつけましょう。

① 　　　　⑦　　　　　　⑦　　　　　　② 　　　⑦　　　　　　⑦

（ 〇 ）　　　（ 　 ）　　　　　　（ 　 ）　　　（ 　 ）

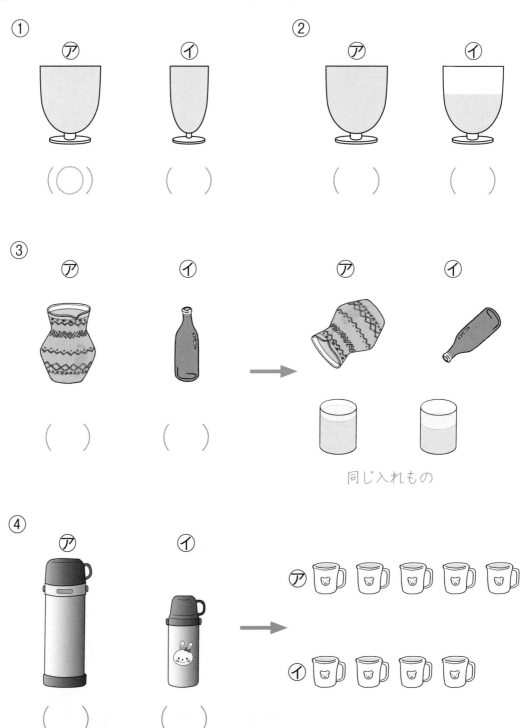

③ 　　　⑦　　　　　　⑦　　　　　　　⑦　　　　　⑦

（ 　 ）　　　（ 　 ）

同じ入れもの

④ 　　　⑦　　　　　　⑦

（ 　 ）　　　（ 　 ）

ねらい

月　日

世界中(せかいじゅう)の人が使(つか)えるように、「かさ」のたんい「L（リットル）」が生まれました。「dL」はその10分1です。

2　つぎの入れものの水のかさは何Lですか。

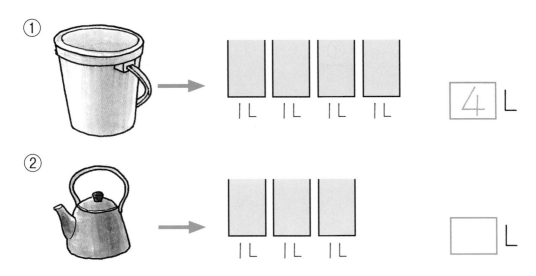

① | L　| L　| L　| L　　4 L

② | L　| L　| L　　　　　　□ L

3　つぎの入れものの水のかさは何dLですか。

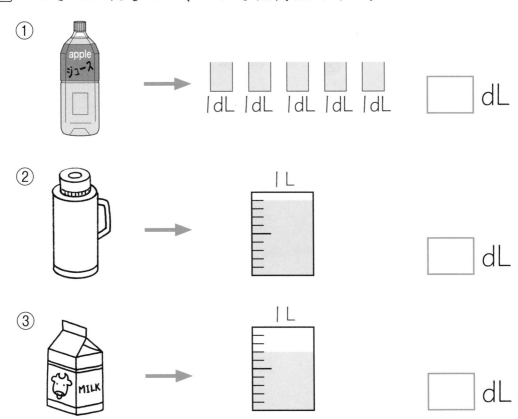

① | dL　| dL　| dL　| dL　| dL　　□ dL

② | L　　□ dL

③ | L　　□ dL

8 かさくらべ

① つぎの入れもので、かさの多い方に○をつけましょう。

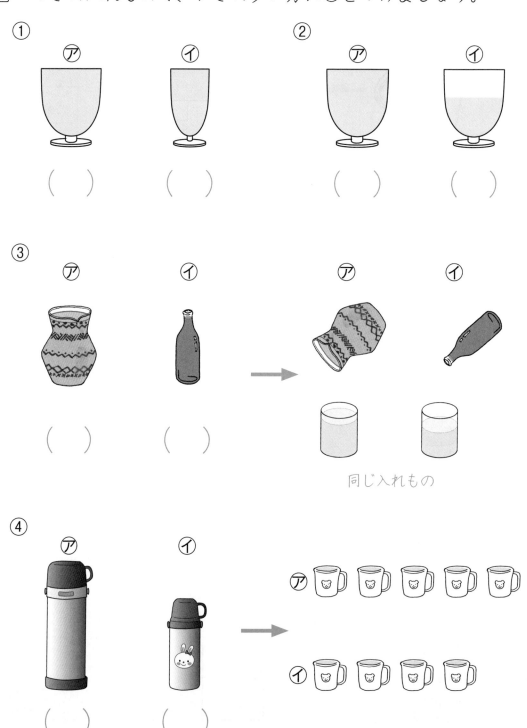

① ㋐   ㋑   ② ㋐   ㋑

( )   ( )   ( )   ( )

③ ㋐   ㋑ → ㋐   ㋑

( )   ( )

同じ入れもの

④ ㋐   ㋑ → ㋐

㋑

( )   ( )

50

2 　つぎの入れものの水のかさは何Lですか。

①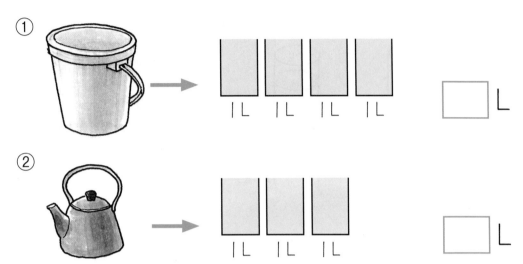

|L　|L　|L　|L　　　□ L

②

|L　|L　|L　　　□ L

3 　つぎの入れものの水のかさは何dLですか。

①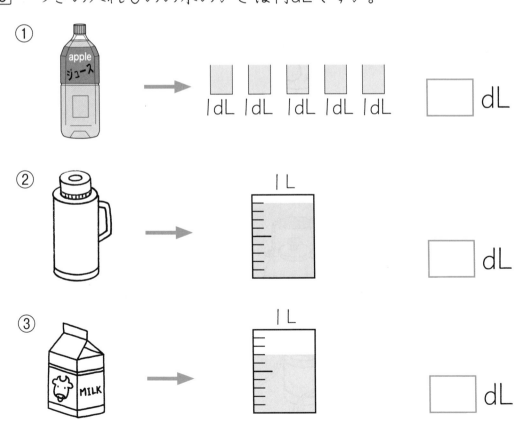

|dL |dL |dL |dL |dL　　□ dL

②

|L 　　　□ dL

③

|L 　　　□ dL

1　つぎの入れもので、かさの多い方に○をつけましょう。

① ⑦　　⑦　　② ⑦　　同じ　　⑦

（　　）　　（　　）　　（　　）　　（　　）

③ ⑦　　⑦

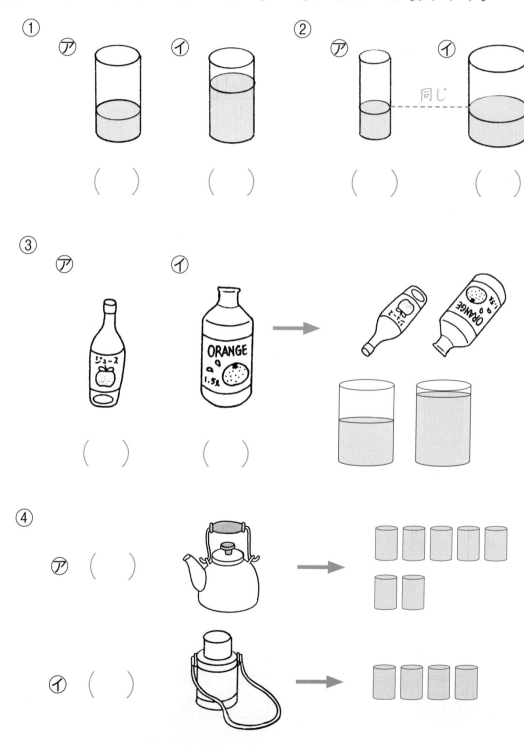

（　　）　　（　　）

④

⑦　（　　）

⑦　（　　）

② つぎの入れものの水のかさは何Lですか。

①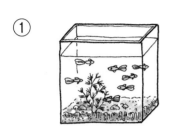
 L

②
 L

③ つぎの入れものの水のかさは何dLですか。

①
 dL

②
 dL

③
 dL

1 つぎの水のかさをあらわしましょう。

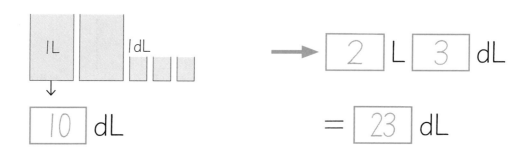

→ 2 L 3 dL

↓
10 dL

= 23 dL

2 つぎの入れものに入る水のかさを、それぞれのあらわし方でかきましょう。

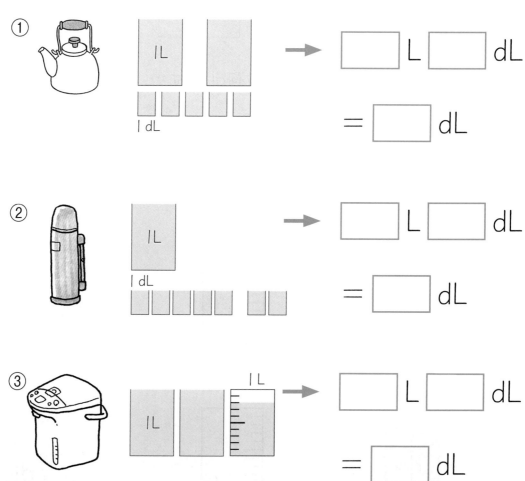

① → ☐ L ☐ dL

= ☐ dL

② → ☐ L ☐ dL

= ☐ dL

③ → ☐ L ☐ dL

= ☐ dL

3 つぎの□にあてはまる数をかきましょう。

① 3L＝□dL

② 5L＝□dL

③ 40dL＝□L

④ 60dL＝□L

⑤ 3L5dL＝□dL

⑥ 7L8dL＝□dL

⑦ 29dL＝□L□dL

⑧ 53dL＝□L□dL

4 つぎの□にあてはまる記ごう（＞，＝，＜）をかきましょう。

① 2L□19dL

② 5L9dL□60dL

③ 105dL□10L5dL

9 かさのあらわし方（L，dL）

1　つぎの水のかさをあらわしましょう。

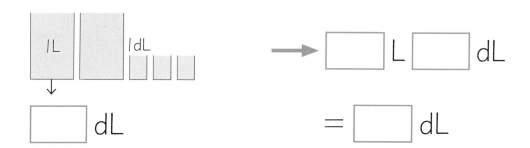

→ ☐ L ☐ dL

☐ dL

= ☐ dL

2　つぎの入れものに入る水のかさを、それぞれのあらわし方で
かきましょう。

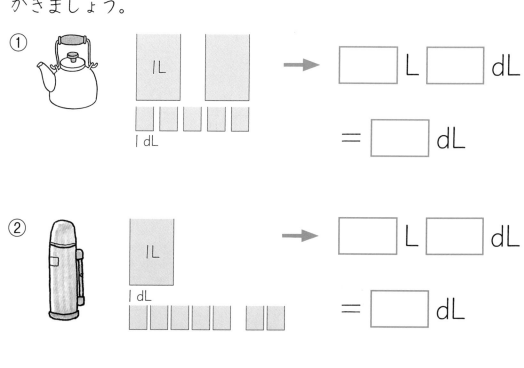

① → ☐ L ☐ dL

= ☐ dL

② → ☐ L ☐ dL

= ☐ dL

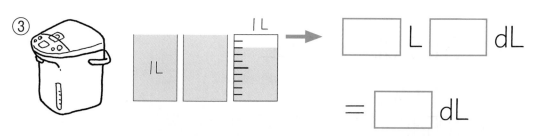

③ → ☐ L ☐ dL

= ☐ dL

③　つぎの□にあてはまる数をかきましょう。

①　3L＝□dL

②　5L＝□dL

③　40dL＝□L

④　60dL＝□L

⑤　3L5dL＝□dL

⑥　7L8dL＝□dL

⑦　29dL＝□L□dL

⑧　53dL＝□L□dL

④　つぎの□にあてはまる記ごう（＞，＝，＜）をかきましょう。

①　2L　□19dL

②　5L9dL　□60dL

③　105dL　□10L5dL

1 つぎの入れものの水のかさをあらわしましょう。

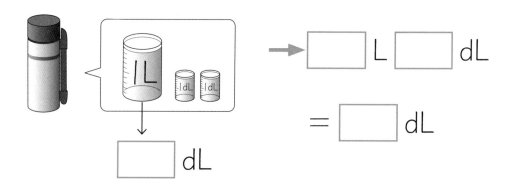

→ ☐ L ☐ dL

= ☐ dL

☐ dL

2 つぎの水のかさを、それぞれのあらわし方でかきましょう。

①

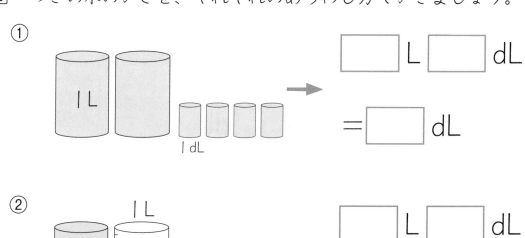

☐ L ☐ dL

= ☐ dL

②

☐ L ☐ dL

= ☐ dL

③

☐ L ☐ dL

= ☐ dL

③ つぎの□にあてはまる数をかきましょう。

① 2L ＝ □ dL　　② 4L ＝ □ dL

③ 30dL ＝ □ L　　④ 70dL ＝ □ L

⑤ 5L7dL ＝ □ dL

⑥ 4L6dL ＝ □ dL

⑦ 33dL ＝ □ L □ dL

⑧ 47dL ＝ □ L □ dL

④ つぎの□にあてはまる記ごう（＞，＝，＜）をかきましょう。

① 49dL □ 5L

② 10L8dL □ 108dL

③ 8L2dL □ 81dL

10 かさのあらわし方 (L, dL, mL)

① かんジュースのかさをはかると、つぎのようになりました。
□にあてはまるたんいや数をかきましょう。

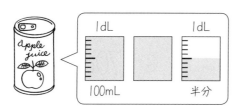

1 dL＝100 mL

ジュースのかさは 250 mL

② パック入りの牛にゅうは1Lあります。1Lは何dLですか。
またmLに直すと何mLになりますか。

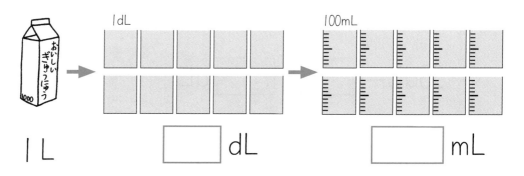

1 L   dL   mL

③ つぎの□にあてはまる数をかきましょう。

① 2L＝ dL＝ mL

② 9L＝ mL

③ 2dL＝ mL

④ 3500mL＝ L mL

60

ねらい

月　日

「mL（ミリリットル）」は「L」の1000分の1です。
1L＝1000mL＝10dLなので、1dL＝100mLです。

4 つぎの□にあてはまる記ごう（＞，＝，＜）をかきましょう。

① 9dL 　 ＜ 　 1L 　 1L＝10dL

② 1L 　 □ 　 100mL 　 1L＝1000mL

③ 850mL 　 □ 　 9dL

④ 3000mL 　 □ 　 3L

⑤ 4L7dL 　 □ 　 46dL

5 つぎの入れもののかさのたんい（mL，dL，L）を□にかきましょう。

① 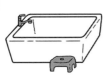 200 □

② 350 □

③ 12 mL

④ 5 □

⑤  500 □

10 かさのあらわし方 （L，dL，mL）

1 かんジュースのかさをはかると、つぎのようになりました。
□にあてはまるたんいや数をかきましょう。

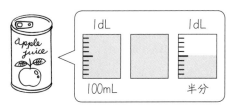

$1\,dL = 100\ \boxed{}$

ジュースのかさは $\boxed{}$ mL

2 パック入りの牛にゅうは1Lあります。1Lは何dLですか。
またmLに直すと何mLになりますか。

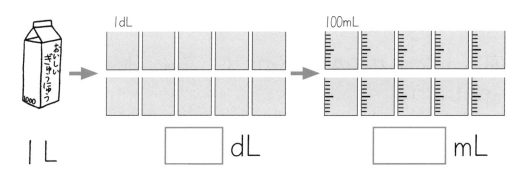

1 L　　　　$\boxed{}$ dL　　　　$\boxed{}$ mL

3 つぎの□にあてはまる数をかきましょう。

① $2L = \boxed{}\ dL = \boxed{}\ mL$

② $9L = \boxed{}\ mL$

③ $2dL = \boxed{}\ mL$

④ $3500mL = \boxed{}\ L\ \boxed{}\ mL$

4 つぎの□にあてはまる記ごう（＞，＝，＜）をかきましょう。

① 9 dL 　□ 　1 L

② 1 L 　□ 　100mL

③ 850mL 　□ 　9 dL

④ 3000mL 　□ 　3 L

⑤ 4 L 7 dL 　□ 　46dL

5 つぎの入れもののかさのたんい（mL, dL, L）を□にかきましょう。

① 　200 □

② 　350 □

③ 　12 □

④ 　5 □

⑤ 　500 □

10 かさのあらわし方 (L, dL, mL)

1 つぎの水のかさは、何mLですか。

① 1dL | 1dL
□ mL

② 1dL | 1dL
□ mL

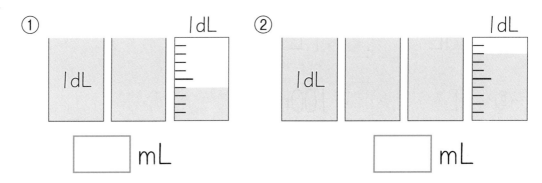

2 2L入りのペットボトルは、mLに直すと何mL入りですか。

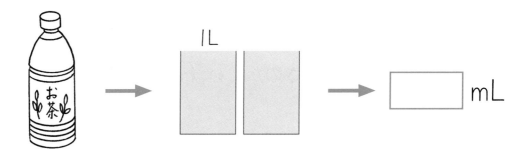

1L
→ □ mL

3 つぎの□にあてはまる数をかきましょう。

① 3L = □ dL = □ mL

② 4L2dL = □ dL = □ mL

③ 200mL = □ dL

④ 1L5dL = □ mL

4 つぎの□にあてはまる記ごう（＞，＝，＜）をかきましょう。

① 530mL ☐ 5L

② 2L ☐ 2010mL

③ 7dL ☐ 700mL

④ 21dL ☐ 2000mL

5 つぎの入れもののかさのたんい（mL，dL，L）を□にかきましょう。

①  6 ☐

②  200 ☐

③  9 ☐

④  3 ☐

⑤  450 ☐

11 かさの計算（L，dL）

1　つぎの計算をしましょう。

① 3L7dL＋5L4dL＝ 9 L 1 dL

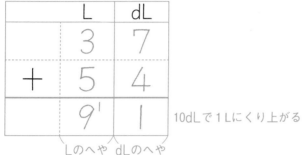

	L	dL
	3	7
＋	5	4
	9¹	1

10dLで1Lにくり上がる

Lのへや　dLのへや

② 8L＋2L4dL＝ ☐ L ☐ dL

③ 5L5dL＋1L6dL＝ ☐ L ☐ dL

④ 7L8dL－2L3dL＝ ☐ L ☐ dL

	L	dL
	7	8
－	2	3
	5	5

⑤ 10L－4L6dL＝ ☐ L ☐ dL

⑥ 13L2dL－8L7dL＝ ☐ L ☐ dL

2　ジュースが左のビンに1L5dL、右のビン
に6dL入っています。

①　2つを合わせると、何L何dLになりますか。

式

答え＿＿＿＿＿＿＿

②　2つのちがいは、何dLですか。

式

答え＿＿＿＿＿＿＿

3　12L入る水そうがあります。1回目に
5L入れ、2回目に5L3dL入れました。

①　2回で何L何dLの水を入れましたか。

式

答え＿＿＿＿＿＿＿

②　あと何L何dL入れることができますか。

式

答え＿＿＿＿＿＿＿

11 かさの計算 （L，dL）

1 つぎの計算をしましょう。

① 3L7dL＋5L4dL＝ ☐ L ☐ dL

	L	dL
＋		

② 8L＋2L4dL＝ ☐ L ☐ dL

③ 5L5dL＋1L6dL＝ ☐ L ☐ dL

④ 7L8dL－2L3dL＝ ☐ L ☐ dL

	L	dL
－		

⑤ 10L－4L6dL＝ ☐ L ☐ dL

⑥ 13L2dL－8L7dL＝ ☐ L ☐ dL

2 ジュースが左のビンに 1 L 5 dL、右のビン
に 6 dL 入っています。

① 2つを合わせると、何L何dLになりますか。

式

答え ＿＿＿＿＿＿＿

② 2つのちがいは、何dLですか。

式

答え ＿＿＿＿＿＿＿

3 12L入る水そうがあります。1回目に
5L入れ、2回目に 5 L 3 dL 入れました。

① 2回で何L何dLの水を入れましたか。

式

答え ＿＿＿＿＿＿＿

② あと何L何dL入れることができますか。

式

答え ＿＿＿＿＿＿＿

11 かさの計算（L，dL）

1 つぎの計算をしましょう。

① 6L3dL＋2L5dL＝☐L☐dL

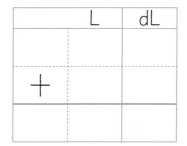

	L	dL
＋		

② 4L6dL＋2L3dL＝☐L☐dL

③ 3L7dL＋4L8dL＝☐L☐dL

④ 6L3dL－1L2dL＝☐L☐dL

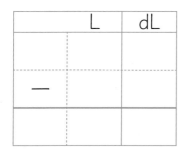

	L	dL
－		

⑤ 9L1dL－6L4dL＝☐L☐dL

⑥ 25L4dL－19L6dL＝☐L☐dL

② 水がポットに3L4dL、水とうに1L8dL入っています。

① 2つをあわせると、水は何L何dLになりますか。

しき
式

答え＿＿＿＿＿＿＿＿

② 2つのちがいは、何L何dLですか。

式

答え＿＿＿＿＿＿＿＿

③ きゅう食のときに使う入れもののかさをしらべました。

（きゅう食）バット	ボール	おたま	食かん	おかず入れ
15L	7L	150mL	12L	300mL

① バットとボールで何Lになりますか。

式

答え＿＿＿＿＿＿＿＿

② おかず入れにおたまで1回入れました。あと何mL入りますか。

式

答え＿＿＿＿＿＿＿＿

1　どちらが重いでしょうか。重い方に〇をつけましょう。

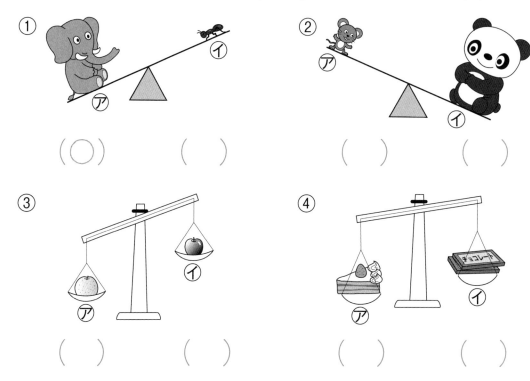

① 　（〇）　　　（　）　　　② 　（　）　　　（　）

③ 　（　）　　　（　）　　　④ 　（　）　　　（　）

2　バネを使って重さくらべをしました。一番重いものに〇を、
一番かるいものに△をつけましょう。

3　てんびんを使って、重さくらべをしました。それぞれ一番重いものと、一番かるいものをかきましょう。

①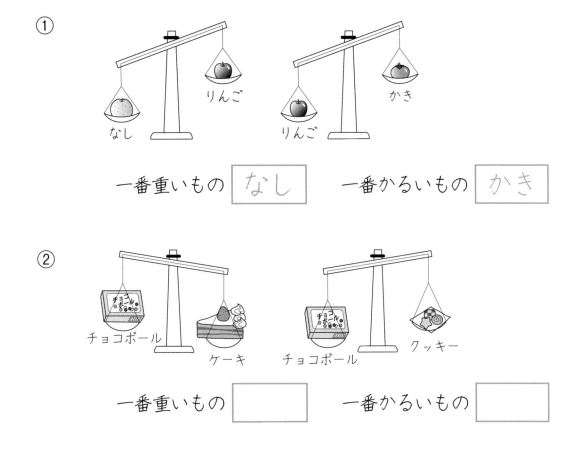

なし　　りんご　　りんご　　かき

一番重いもの　なし　　　一番かるいもの　かき

②

チョコボール　ケーキ　チョコボール　クッキー

一番重いもの　□　　　一番かるいもの　□

4　1円玉1まいの重さは、1gです。えんぴつとけしゴムの重さは、それぞれ何gですか。

①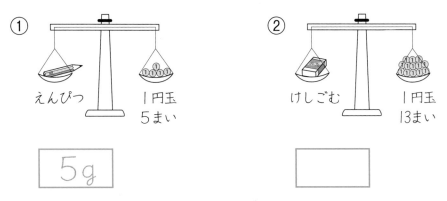

えんぴつ　　1円玉5まい

② けしごむ　　1円玉13まい

5g

□

73

12 重さくらべ

1　どちらが重いでしょうか。重い方に○をつけましょう。

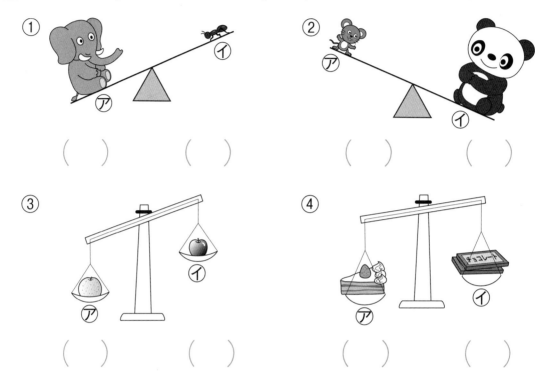

①　（　　）　　　（　　）　　②　（　　）　　　（　　）

③　（　　）　　　（　　）　　④　（　　）　　　（　　）

2　バネを使って重さくらべをしました。一番重いものに○を、
　　一番かるいものに△をつけましょう。

74

③　てんびんを使って、重さくらべをしました。それぞれ一番重いものと、一番かるいものをかきましょう。

①

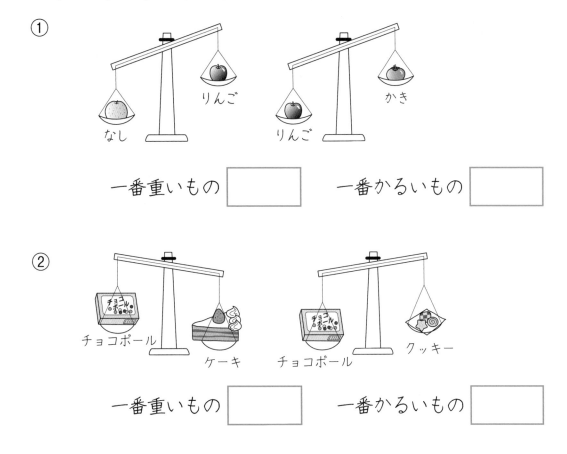

なし　りんご　　りんご　かき

一番重いもの　☐　　　一番かるいもの　☐

② チョコボール　ケーキ　チョコボール　クッキー

一番重いもの　☐　　　一番かるいもの　☐

④　１円玉１まいの重さは、１ｇです。えんぴつとけしゴムの重さは、それぞれ何ｇですか。

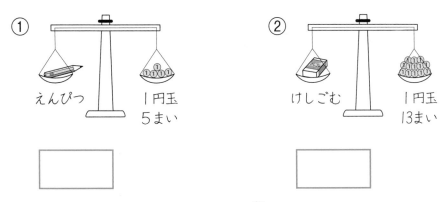

①　えんぴつ　１円玉５まい　☐

②　けしごむ　１円玉13まい　☐

12 重さくらべ

1 シーソーを使って重さくらべをしました。重い方に○をつけましょう。

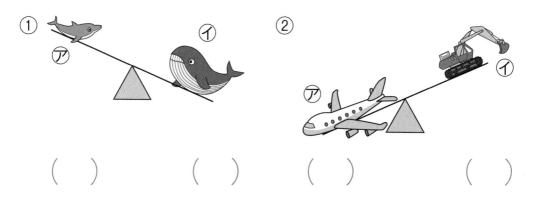

① ⑦　　　⑦

（　）　　　　（　）　　　　（　）　　　　（　）

2 ゴムを使って重さくらべをしました。重いものからじゅんに番号をかきましょう。

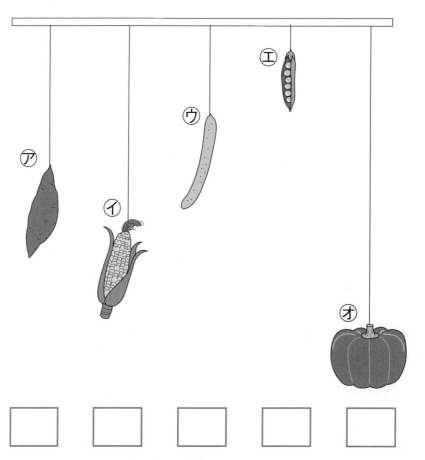

□　　□　　□　　□　　□

③　てんびんを使って、なし、りんご、かきの重さくらべをしました。重いじゅんにかきましょう。

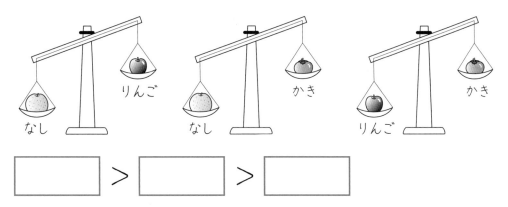

なし　　りんご　　なし　　かき　　りんご　　かき

	>		>	

④　|円玉|まいの重さは、|gです。つぎの食べ物の重さは、それぞれ何gですか。

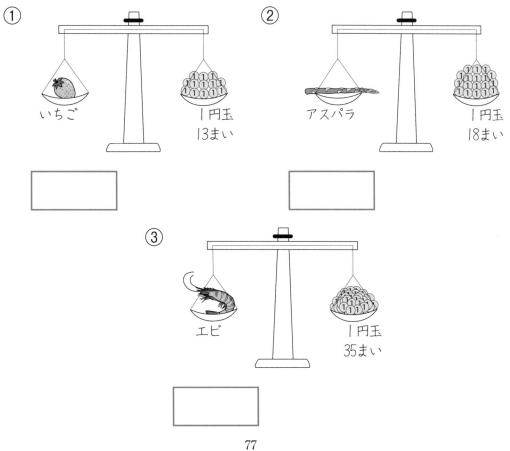

①
いちご　　　|円玉
　　　　　13まい

②
アスパラ　　|円玉
　　　　　18まい

③
エビ　　　　|円玉
　　　　　35まい

77

1 つぎのはかりの図を見て、あとの問いに答えましょう。

① このはかりは、何gまで
はかることができますか。 　1000 g

② 一番小さい1目もりは、
何gですか。 　5 g

③ はりがさしている目もりを読みましょう。 　　　 g

2 つぎのはかりは、何gの重さをさしていますか。

①
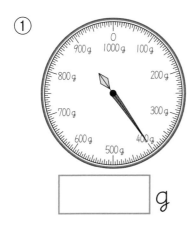

　　　 g

②
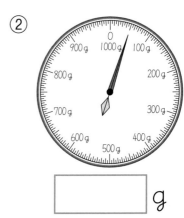

　　　 g

③
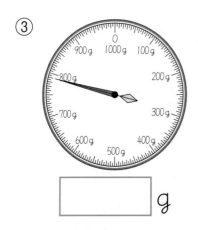

　　　 g

④
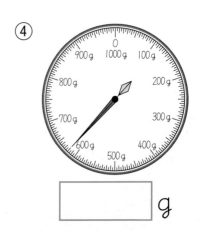

　　　 g

③　重さのあらわし方について、つぎの□にあてはまるたんいや数字をかきましょう。

① 1000g＝1 kg　　　② 4kg＝□ g

③ 2kg350g＝□ g

④　つぎの①〜④は、それぞれ何kg何gをさしていますか。また、それは何gになりますか。

①
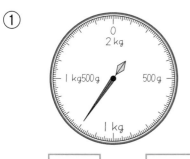

□ kg □ g

＝ □ g

②

□ kg □ g

＝ □ g

③

□ kg □ g

＝ □ g

④

□ kg □ g

＝ □ g

79

13 はかりを読む

1. つぎのはかりの図を見て、あとの問いに答えましょう。

① このはかりは、何gまで
はかることができますか。 □ g

② 一番小さい1目もりは、
何gですか。 □ g

③ はりがさしている目もりを読みましょう。 □ g

2. つぎのはかりは、何gの重さをさしていますか。

①

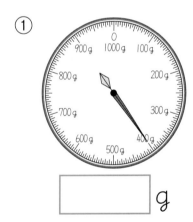

□ g

②

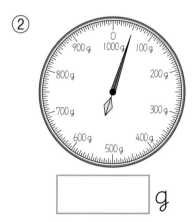

□ g

③

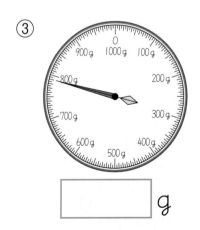

□ g

④

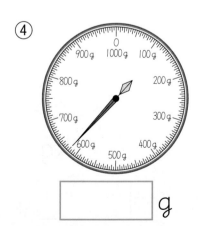

□ g

3　重さのあらわし方について、つぎの□にあてはまるたんい
や数字をかきましょう。

① 1000g＝1 [　　] ② 4kg＝[　　] g

③ 2kg350g＝[　　] g

4　つぎの①〜④は、それぞれ何kg何gをさしていますか。また、
それは何gになりますか。

①

[　　] kg [　　] g

＝ [　　] g

②

[　　] kg [　　] g

＝ [　　] g

③

[　　] kg [　　] g

＝ [　　] g

④

[　　] kg [　　] g

＝ [　　] g

13 はかりを読む

① つぎのはかりの図を見て、あとの問いに答えましょう。

① このはかりは何kgまで
はかることができますか。

②　一番小さい１目もりは、
何gですか。

③　はりがさしている目もりを読み
ましょう。

② つぎのはかりは、何gの重さをさしていますか。

①

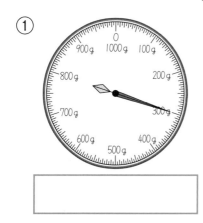

②

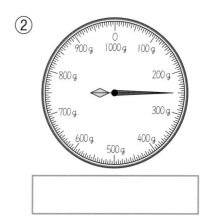

③

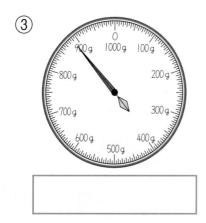

④

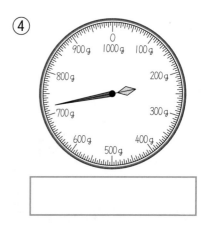

3 つぎの □ にあてはまる数字をかきましょう。

① 1kg = [　　　] g　　② 4000g = [　　　] kg

③ 3kg50g = [　　　] g

4 つぎの①〜④は、それぞれ何kg何gをさしていますか。また、それは何gになりますか。

①

[　] kg [　] g

= [　　　] g

②

[　] kg [　] g

= [　　　] g

③

[　] kg [　] g

= [　　　] g

④

[　] kg [　] g

= [　　　] g

14 重さのあらわし方 （kg, g）

1 つぎの重さをあらわす目もりに↑をつけましょう。

① 400g

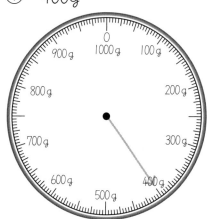

② 250g

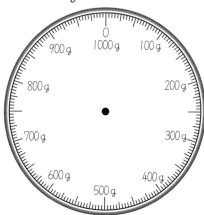

③ 670g

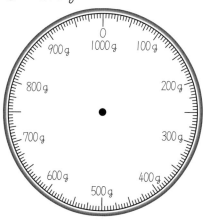

④ 830g

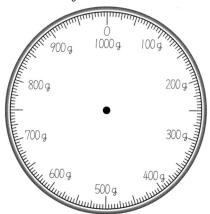

2 つぎの⑦～⑦を重いじゅんにならべかえましょう。

① ⑦ 2040g　　⑦ 2kg400g　　⑦ 2kg

 ＞ ＞

② ⑦ 7kg　　⑦ 6950g　　⑦ 7kg1g

 ＞ 　　　 ＞

3　つぎの重さをあらわす目もりに↑をつけましょう。

①　1kg400g

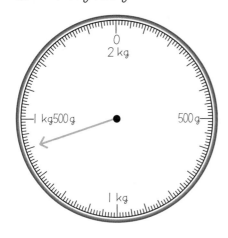

②　1kg950g

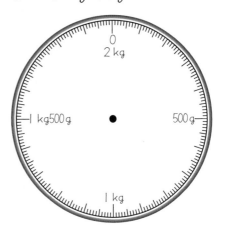

③　2kg400g

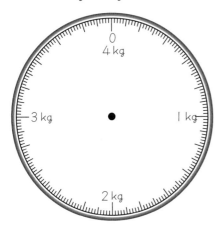

④　3kg800g

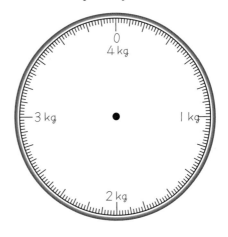

4　つぎの□にあてはまる重さのたんい（kg, g）をかきましょう。

①　コップ　　　230　□　　②　お米1ふくろ　5　□

③　子どもの体重　34　□　　④　たまご1こ　　63　□

14 重さのあらわし方 (kg, g)

1 つぎの重さをあらわす目もりに↑をつけましょう。

① 400g

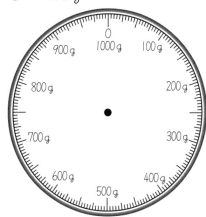

② 250g

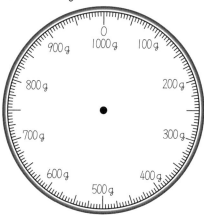

③ 670g

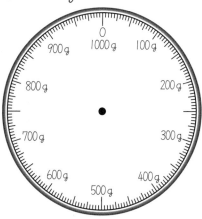

④ 830g

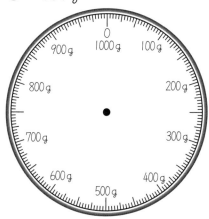

2 つぎの㋐～㋒を重いじゅんにならべかえましょう。

① ㋐ 2040g   ㋑ 2kg400g   ㋒ 2kg

 >  >

② ㋐ 7kg   ㋑ 6950g   ㋒ 7kg1g

 >  >

3　つぎの重さをあらわす目もりに↑をつけましょう。

①　1kg400g

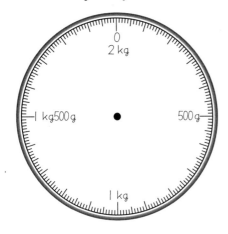

②　1kg950g

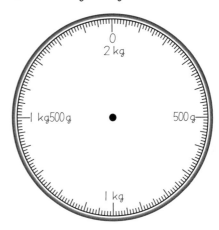

③　2kg400g

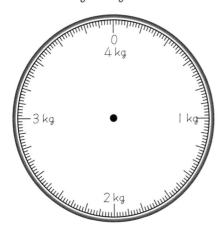

④　3kg800g

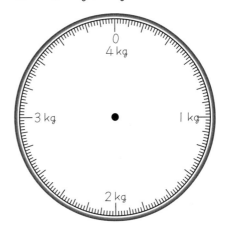

4　つぎの□にあてはまる重さのたんい（kg，g）をかきましょう。

①　コップ　　　230 □　　　②　お米1ふくろ　5 □

③　子どもの体重 34 □　　　④　たまご1こ　　63 □

14 重さのあらわし方 (kg，g)

1　つぎの重さをあらわす目もりに↑をつけましょう。

① 350g

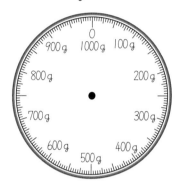

② 740g

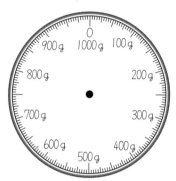

③ 1kg350g

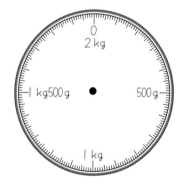

④ 1kg800g

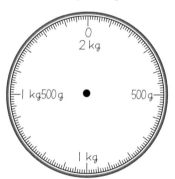

⑤ 2kg600g

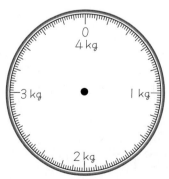

⑥ 3kg100g

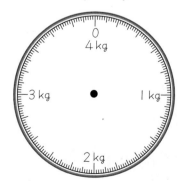

2　つぎの①〜③の重（おも）さは、どのはかりではかればよいでしょうか。⑦〜⑨のはかりからえらびましょう。

①　ランドセル　　②　大人の体重（たいじゅう）　　③　ふでばこ

⑦ 　　⑦ 　　⑨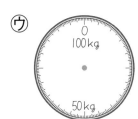

3　つぎの⑦〜⑨を重いじゅんにならべかえましょう。

①　⑦　3kg30g　　⑦　3100g　　⑨　3003g

 ＞  ＞

②　⑦　8kg　　⑦　7990g　　⑨　8kg10g

 ＞ ＞

4　つぎの□にあてはまる重さのたんい（kg, g）をかきましょう。

①　かんジュース　370□　　②　赤ちゃんの体重　5□

③　けしゴム　15□　　④　1円玉1まい　1

1 つぎの計算をしましょう。

① 2kg325g＋3kg450g＝ 5 kg 775 g

kg		g		
	2	3	2	5
＋	3	4	5	0
	5	7	7	5

kgのへや　　gのへや

② 875g＋4kg120g＝ ☐ kg ☐ g

③ 7kg655g＋2kg345g＝ ☐ kg

④ 8kg630g－360g＝ ☐ kg ☐ g

kg		g		
	8	6	3	0
－		3	6	0
	8	2	7	0

⑤ 7kg－3kg465g＝ ☐ kg ☐ g

⑥ 10kg620g－7kg845g＝ ☐ kg ☐ g

2　重さ750gのかごがあります。

① このかごにみかんを500g入れました。ぜんぶの重さは、
何kg何gになりますか。

式

答え _____

② このかごにりんごを2kg400g入れました。ぜんぶの重さ
は何kg何gになりますか。

式

答え _____

③ このかごにパイナップルを入れて、重さをはかったら
2kg600gでした。パイナップルの重さは何kg何gですか。

式

答え _____

15 重さの計算（kg, g）

1　つぎの計算をしましょう。

① 2kg325g＋3kg450g＝□kg□g

kg		g	
+			

② 875g＋4kg120g＝□kg□g

③ 7kg655g＋2kg345g＝□kg

④ 8kg630g－360g＝□kg□g

kg		g	
−			

⑤ 7kg－3kg465g＝□kg□g

⑥ 10kg620g－7kg845g＝□kg□g

2　重さ750gのかごがあります。

① このかごにみかんを500g入れました。ぜんぶの重さは、何kg何gになりますか。

式

答え _____

② このかごにりんごを2kg400g入れました。ぜんぶの重さは何kg何gになりますか。

式

答え _____

③ このかごにパイナップルを入れて、重さをはかったら2kg600gでした。パイナップルの重さは何kg何gですか。

式

答え _____

15 重さの計算 （kg, g）

1 つぎの計算をしましょう。

① 5kg325g＋2kg550g＝□ kg □ g

	kg		g	
＋				

② 460g＋2kg675g＝□ kg □ g

③ 6kg55g＋1kg970g＝□ kg □ g

④ 5kg450g－2kg550g＝□ kg □ g

	kg		g	
－				

⑤ 7kg－3kg320g＝□ kg □ g

⑥ 30kg280g－15kg475g＝□ kg □ g

94

② 重さ350gのさらがあります。

① このさらに700gのみかんをのせました。ぜんぶの重さは何kg何gになりますか。

式

答え _____

② このさらに1kg900gのりんごをのせました。ぜんぶの重さは何kg何gになりますか。

式

答え _____

③ このさらに、スイカをのせて、重さをはかったらぜんぶで2kg650gありました。スイカの重さは何kg何gですか。

式

答え _____

1 重たいものを集めました。①～④の重さを t であらわしましょう。

① 車
1000kg

□ 1 □ t

② カバ
2000kg

□ □ t

③ サイの親子
（親 3000kg）
（子 1000kg）

□ □ t

④ アフリカゾウ
5000kg

□ □ t

2 1 を見て、つぎの重さをくらべ、□ にあてはまる記ごう
（＞，＜，＝）をかきましょう。

① サイの親子　□　アフリカゾウ

② 車とサイの子ども　□　カバ

3 つぎの □ にあてはまる重さのたんい（g，kg，t）をかきま
しょう。

① 教科書　260 □

② トラック1台　20 □ t □

③ 子どもの体重 20 □

④ たまごに　60 □

4 つぎの□にあてはまる数字をかきましょう。（水１Lの重さは１kgです。）

① 3L＝ 3 kg＝ 3000 g

10分の1 ↓

② 3dL＝ □ g

100分の1 ↓

③ 3mL＝ □ g

④ 5000L＝ □ kg＝ □ t

5 つぎの□にあてはまる数をかきましょう。

① １円玉１まいの重さ＝ □ g

② １kg700g＝ □ g

③ 3kg50g＝ □ g

④ 3500g＝ □ kg □ g

⑤ 7t＝ □ kg

⑥ 10000kg＝ □ t

16 いろいろな重さ

1　重たいものを集めました。①〜④の重さをtであらわしましょう。

① 車
1000kg

☐ t

② カバ
2000kg

☐ t

③ サイの親子
（親 3000kg
　子 1000kg）

☐ t

④ アフリカゾウ
5000kg

☐ t

2　1を見て、つぎの重さをくらべ、☐にあてはまる記ごう（＞，＜，＝）をかきましょう。

① サイの親子　☐ アフリカゾウ

② 車とサイの子ども　☐ カバ

3　つぎの☐にあてはまる重さのたんい（g，kg，t）をかきましょう。

① 教科書　260 ☐

② トラック1台 20 ☐

③ 子どもの体重 20 ☐

④ たまご1こ 60 ☐

4　つぎの□にあてはまる数字をかきましょう。（水１Lの重さ
は１kgです。）

① 3L=□kg=□g

② 3dL=□g

③ 3mL=□g

④ 5000L=□kg=□t

5　つぎの□にあてはまる数をかきましょう。

① １円玉１まいの重さ=□g

② １kg700g=□g

③ 3kg50g=□g

④ 3500g=□kg□g

⑤ 7t=□kg

⑥ 10000kg=□t

1　重たいものを集めました。①〜④の重さをtであらわしましょう。

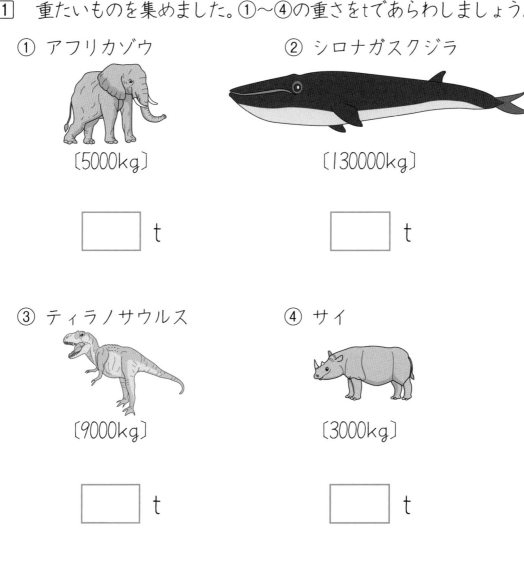

① アフリカゾウ
〔5000kg〕

□ t

② シロナガスクジラ
〔130000kg〕

□ t

③ ティラノサウルス
〔9000kg〕

□ t

④ サイ
〔3000kg〕

□ t

2　1を見て、重さをくらべ、□にあてはまる記ごう（＞，＜，＝）をかきましょう。

①　ティラノサウルス　□　アフリカゾウとサイ

②　アフリカゾウ26頭　□　シロナガスクジラ

③ つぎの □ にあてはまる数字をかきましょう。（水 1Lの重さは1kgです。）

① 1L= ☐ kg

② 1dL= ☐ g

③ 6000L= ☐ kg= ☐ t

④ 8t= ☐ kg

⑤ 12500kg= ☐ t ☐ kg

④ つぎの □ にあてはまる重さのたんい（t, kg, g）をかきましょう。

① 1ふくろ10 ☐ の米ぶくろが100こあつまると 1 ☐ です。

② サイの体重は、やく3 ☐ で人間の赤ちゃんの体重は、やく3 ☐ です。

③ 学校のプールには、やく250 ☐ の水が入っています。

④ わた1000 ☐ と鉄1kgは、同じ重さです。

101

② 長さ・かさ・重さ
答　え

【P.6～7, 8～9】

1 長さくらべ

① ① ⑦　　　　② ④
　 ③ ⑦　　　　④ ④

② ① ⑦　10こ分　④　9こ分
　 ② ⑦の方が1こ分長い

③ ① 4マス分
　 ② 1マス分
　 ③ 4マス分
　 ④ 2マス分

④ ① 8cm
　 ② 3cm
　 ③ 5cm
　 ④ 1cm
　 ⑤ 6cm

> **おうちの方へ**　長さの単位は、初め人間の体の一部を基準にしてつくられました。例えば「一寸法師」の一寸は、指1本の幅のことでした。
> 　　長さの単位を、世界共通にするために1mがつくられました。その100分の1が1cmです。

【P.10～11】

1 長さくらべ

① ① ④
　 ② ⑦
　 ③ ④
　 ④ ④
　 ⑤ ④

② ① 3マス分　　② 4マス分
　 ③ 9マス分　　④ 8マス分

③ ① 6cm

　 ② 4cm
　 ③ 9cm
　 ④ 7cm

【P.12～13, 14～15】

2 長さのあらわし方（cm, mm）

① ⑦

② ① 3cm　　　　② 4cm

③ ① ⑦が2cm長い
　 ② ④が1cm長い

④ ① 4cm5mm　　② 3cm3mm
　 ③ 5cm2mm　　④ 5cm7mm

⑤ ① 8mm　　　　② 6cm5mm
　 ③ 8cm9mm　　④ 12cm3mm

> **おうちの方へ**　ものさしでものをはかるときは、0がはかるもののはしにきちんと合っているか確かめましょう。「cm」や「mm」とかくのは2年生には難しいものです。最初はゆっくりなぞらせて正しくかけるようにさせてください。

【P.16～17】

2 長さのあらわし方（cm, mm）

① ①

② ① ④が2cm長い
　 ② ⑦が3cm長い

③ ① 2cm　　　　② 4cm

④ ① 5cm5mm
　 ② 7cm8mm
　 ③ 6cm3mm

⑤ ① 4mm　　　　② 2cm
　 ③ 8cm7mm　　④ 10cm1mm

答え

【P.18～19，20～21】

3　長さのあらわし方(m，cm，mm)

1　①　5 m90cm
　②　3 m20cm
　③　4 m70cm
　④　2 m80cm

2　①　425cm　　②　707cm
　③　3 m18cm
　④　60mm
　⑤　54mm
　⑥　7 cm 8 mm

3　①　＜
　②　＞

4　①　mm
　②　cm
　③　m
　④　cm

おうちの方へ　長さの単位の関係（1 m＝100cm、1 cm＝10mm）を身近なもので体感させておきましょう。

【P.22～23】

3　長さのあらわし方(m，cm，mm)

1　①　1 m30cm　　②　5 m40cm
　③　3 m40cm　　④　3 m60cm

2　①　800cm
　②　375cm
　③　508cm
　④　4 m69cm
　⑤　70mm
　⑥　86mm
　⑦　9 cm 4 mm

3　①　m
　②　mm
　③　cm
　④　m

【P.24～25，26～27】

4　長さの計算（cm，mm）

1　①　3 cm 9 mm
　②　10cm 4 mm
　③　5 cm 9 mm
　④　7 cm
　⑤　14cm 3 mm
　⑥　20cm 4 mm

2　①　18cm 6 mm
　②　16cm 7 mm
　③　4 cm 5 mm
　④　17cm 6 mm
　⑤　8 mm
　⑥　7 cm 9 mm

おうちの方へ　長さの計算は、なかなか難しいものです。つぎのような、単位ごとに区切った表で考えると、3けた（4けた）の筆算でできるので、まちがいが少なくなります。

13cm 6 mm＋6 cm 8 mm＝20cm 4 mm

cm			mm
	1	3	6
＋		6	8
	2^{1}	0^{1}	4

※単位を変えるのにも便利

13cm 6 mm＝136mm

【P.28～29】

4　長さの計算（cm，mm）

1　①　19cm 4 mm
　②　31cm 1 mm
　③　11cm 8 mm
　④　12cm 2 mm
　⑤　10cm
　⑥　44cm 5 mm

2　①　12cm 4 mm
　②　15cm 5 mm
　③　2 cm 4 mm
　④　5 cm 8 mm

⑤　3 cm 8 mm

⑥　5 cm 5 mm

【P.30～31, 32～33】

5　長さの計算（m，cm）

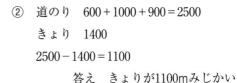

① ①　14m40cm

②　10m12cm

③　3 m50cm

④　40m

⑤　29m91cm

⑥　46m11cm

② ①　7 m27cm

②　2 m85cm

③　4 m15cm

④　4 m49cm

⑤　1 m 4 cm

⑥　22m95cm

【P.34～35】

5　長さの計算（m，cm）

① ①　15m 5 cm

②　11m12cm

③　4 m80cm

④　57m

⑤　40m 4 cm

⑥　66m20cm

② ①　6 m46cm

②　26m68cm

③　6 m15cm

④　14m53cm

⑤　86cm

⑥　22m58cm

【P.36～37, 38～39】

6　きょりと道のり

① ①　㋐　600 + 1000 + 800 = 2400

答え　2400m

㋑　1200m

---

②　道のり　600 + 1000 + 900 = 2500

きょり　1400

2500 − 1400 = 1100

答え　きょりが1100mみじかい

② ①　㋑　2 km700m

②　㋐　1400 + 1900 = 3300

㋒　550 + 2100 + 500 = 3150

3300 − 3150 = 150

答え　㋒が150mみじかい

③　2700 + 3010 = 5710

5710m = 5 km710m

答え　5 km710m

おうちの方へ　大人でもよく混同する、きょりと道のりです。ちがいを図で確認しておきましょう。

【P.40～41】

6　きょりと道のり

① ①　㋐　850 + 350 = 1200

答え　1200m

㋑　300 + 375 + 200 = 875

答え　875m

㋒　630m

②　さくら子　300 + 375 = 675

ゆり　　　350 + 200 = 550

675 − 550 = 125

答え　さくら子さんの方が125m遠い

② ①　350 + 500 = 850　　　答え　850m

②　㋐　（ヒロシの家）→パン屋→駅

㋑　パン屋→（公園）→駅→図書館

㋒　コンビニ→（図書館）→駅

㋒のじゅん番は、自ゆう

【P.42～43, 44～45】

7 長さのあらわし方（km，m）

1. ① 3000m ② 4km
   ③ 3km40m
   ④ 2070m
2. ① ＞
   ② ＜
   ③ ＝
3. ① km
   ② m
4. ① 15km5m
   ② 5km800m
   ③ 6km300m
   ④ 1km255m
   ⑤ 2km200m
   ⑥ 4km935m

おうちの方へ kmのkは1000倍を表しています。kmとmの関係も表を使うとよくわかります。

15km435m－10km500m＝4km935m

km	m
1 5⁴ 4 3 5	
－ 1 0 5 0 0	
4 9 3 5	

【P.46～47】

7 長さのあらわし方（km，m）

1. ① 7000m
   ② 10km
   ③ 5km45m
   ④ 12008m
2. ① ＞
   ② ＝
   ③ ＜
3. ① m
   ② km
4. ① 5km
   ② 5km755m

③ 10km
④ 2km165m
⑤ 3km500m
⑥ 4km725m

【P.48～49, 50～51】

8 かさくらべ

1. ① ㋐ ② ㋐
   ③ ㋐ ④ ㋐
2. ① 4L
   ② 3L
3. ① 5dL
   ② 9dL
   ③ 7dL

おうちの方へ 「かさ」については、身近にある入れ物を使って水の量を比べてみると、実感しやすくなってきます。

【P.52～53】

8 かさくらべ

1. ① ㋑ ② ㋑
   ③ ㋑ ④ ㋐
2. ① 6L
   ② 4L
3. ① 3dL
   ② 8dL
   ③ 6dL

【P.54～55, 56～57】

9 かさのあらわし方（L，dL）

1. 10dL，2L3dL＝23dL
2. ① 2L5dL＝25dL
   ② 1L7dL＝17dL
   ③ 2L8dL＝28dL
3. ① 30dL ② 50dL
   ③ 4L ④ 6L

⑤　35dL

⑥　78dL

⑦　2 L 9 dL

⑧　5 L 3 dL

4　①　>

　　②　<

　　③　=

おうちの方へ　1 Lは、身の回りでよく使われていますが、1 dLはあまり使われていません。それだけに、1 L＝10 dLの関係はここでしっかりつかませておきましょう。

【P.58～59】

9　かさのあらわし方（L，dL）

1　10dL，　1 L 2 dL＝12dL

2　①　2 L 4 dL＝24dL

　　②　1 L 6 dL＝16dL

　　③　2 L 1 dL＝21dL

3　①　20dL

　　②　40dL

　　③　3 L

　　④　7 L

　　⑤　57dL

　　⑥　46dL

　　⑦　3 L 3 dL

　　⑧　4 L 7 dL

4　①　<

　　②　=

　　③　>

【P.60～61，62～63】

10　かさのあらわし方（L，dL，mL）

1　mL，250

2　10dL，1000mL

3　①　20dL＝2000mL

　　②　9000mL

　　③　200mL

④　3 L 500mL

4　①　<

　　②　>

　　③　<

　　④　=

　　⑤　>

5　①　L　　②　mL

　　③　mL　　④　dL

　　⑤　mL

おうちの方へ　L，dL，mLの3つの単位の大きさの関係を理解しているかを、身近にあるもので確かめておきましょう。特に1 dL＝100mLは、気をつけましょう。

【P.64～65】

10　かさのあらわし方（L，dL，mL）

1　①　240mL　　②　380mL

2　2000mL

3　①　30dL＝3000mL

　　②　42dL＝4200mL

　　③　2 dL

　　④　1500mL

4　①　<

　　②　<

　　③　=

　　④　>

5　①　L　　②　mL

　　③　dL　　④　L

　　⑤　mL

【P.66～67，68～69】

11　かさの計算（L，dL）

1　①　9 L 1 dL

　　②　10L 4 dL

　　③　7 L 1 dL

　　④　5 L 5 dL

　　⑤　5 L 4 dL

　　⑥　4 L 5 dL

答え

② ① 1 L 5 dL + 6 dL = 2 L 1 dL

答え　2 L 1 dL

② 1 L 5 dL − 6 dL = 9 dL

答え　9 dL

③ ① 5 L + 5 L 3 dL = 10L 3 dL

答え　10L 3 dL

② 12L − 10L 3 dL = 1 L 7 dL

答え　1 L 7 dL

おうちの方へ　かさの計算も表を使うと、LとdLの関係がわかりやすく、まちがいが少なくなります。

10L − 4 L 6 dL = 5 L 4 dL

	L	dL
	1	$\overset{9}{\cancel{0}}$	0
−		4	6
		5	4

【P.70 ～71】

11　かさの計算（L，dL）

① ① 8 L8dL

② 6 L9dL

③ 8 L5dL

④ 5 L1dL

⑤ 2 L7dL

⑥ 5 L8dL

② ① 3 L 4 dL + 1 L 8 dL = 5 L 2 dL

答え　5 L 2 dL

② 3 L 4 dL − 1 L 8 dL = 1 L 6 dL

答え　1 L 6 dL

③ ① 15L + 7 L = 22L　　答え　22L

② 300mL − 150mL = 150mL

答え　150mL

【P.72 ～73，74 ～75】

12　重さくらべ

① ① ⑦　　② ④

③ ⑦　　④ ⑦

②

	△		○	

③ ① 一番重いもの　なし

一番かるいもの　かき

② 一番重いもの　ケーキ

一番かるいもの　クッキー

④ ① 5 g　② 13g

おうちの方へ　重さはシーソーとかバネばかりでイメージさせて、世界共通の単位 1 gへとつなげます。

【P.76 ～77】

12　重さくらべ

① ① ④　　② ⑦

② ⑦ 3　　④ 2　　⑦ 4

エ 5　　オ 1

③ なし＞りんご＞かき

④ ① 13g　　② 18g

③ 35g

【P.78 ～79，80 ～81】

13　はかりを読む

① ① 1000g

② 5 g

③ 380g

② ① 400g　② 50g

③ 790g　④ 620g

③ ① kg　　② 4000g

③ 2350g

④ ① 1 kg200g = 1200g

② 1 kg850g = 1850g

③ 1 kg600g = 1600g

④　2 kg700g = 2700g

おうちの方へ　はかりを読むときは、まず何kgまではかれるかを確かめます。はかりによって、1目もりの重さがちがうので、しっかりと確かめさせましょう。

【P.82〜83】

13　はかりを読む

1　① 4 kg
　② 20g
　③ 3 kg100g

2　① 300g　② 250g
　③ 890g　④ 720g

3　① 1000g　② 4 kg
　③ 3050g

4　① 1 kg300g = 1300g
　② 1 kg650g = 1650g
　③ 2 kg500g = 2500g
　④ 3 kg600g = 3600g

【P.84〜85, 86〜87】

14　重さのあらわし方(kg, g)

1　① 400g

　② 250g

③ 670g

④ 830g

2　① ⑦>⑦>⑦
　② ⑦>⑦>⑦

3　① 1 kg400g　② 1 kg950g

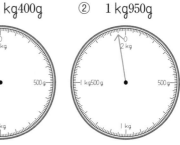

　③ 2 kg400g　④ 3 kg800g

4　① g　② kg
　③ kg　④ g

おうちの方へ　はかりでかかれている数字(300gと400gとか)の間の1目もりが何gかを、まずしっかりと読ませます。求める目もりがわかったら、定規をそこに当ててきちんと線を引かせるようにさせましょう。

【P.88〜89】

14　重さのあらわし方(kg, g)

1　① 350g　② 740g

　③ 1 kg350g　④ 1 kg800g

⑤　2kg600g　　⑥　3kg100g

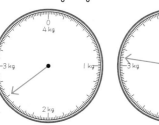

2　①　㋐　②　㋒　③　㋑
3　①　㋑＞㋐＞㋒
　　②　㋒＞㋐＞㋑
4　①　g　　②　kg
　　③　g　　④　g

15　重さの計算（kg，g）

1　①　5kg775g
　　②　4kg995g
　　③　10kg
　　④　8kg270g
　　⑤　3kg535g
　　⑥　2kg775g

2　①　750g＋500g＝1250g＝1kg250g
　　　　　　　　　　　答え　　1kg250g
　　②　750g＋2kg400g＝3kg150g
　　　　　　　　　　　答え　　3kg150g
　　③　2kg600g－750g＝1kg850g
　　　　　　　　　　　答え　　1kg850g

おうちの方へ　重さの計算は、kgとg
の表を使うと、その関係（1kg＝1000g）
もよくわかって計算できます。

7kg－3kg465g＝3kg535g

kg	g			
	⁶̸7	⁹̸0	⁹̸0	0
－		3	4	6	5
		3	5	3	5

←7kg＝7000g

15　重さの計算（kg，g）

1　①　7kg875g
　　②　3kg135g
　　③　8kg25g
　　④　2kg900g
　　⑤　3kg680g
　　⑥　14kg805g

2　①　350g＋700g＝1050g＝1kg50g
　　　　　　　　　　　答え　　1kg50g
　　②　350g＋1kg900g＝2kg250g
　　　　　　　　　　　答え　　2kg250g
　　③　2kg650g－350g＝2kg300g
　　　　　　　　　　　答え　　2kg300g

16　いろいろな重さ

1　①　1t　　②　2t
　　③　4t　　④　5t
2　①　＜
　　②　＝
3　①　g　　②　t
　　③　kg　　④　g
4　①　3kg＝3000g
　　②　300g
　　③　3g
　　④　5000kg＝5t
5　①　1g
　　②　1700g
　　③　3050g
　　④　3kg500g
　　⑤　7000kg
　　⑥　10t

おうちの方へ　1kg＝1000gという重
さどうしの関係だけではなく、水1Lが
1kgだということも実際に持たせて体
感させてください。

【P.100〜101】

16 いろいろな重さ

1 ① 5 t   ② 130t

  ③ 9 t   ④ 3 t

2 ① ＞

  ② ＝

3 ① 1 kg   ② 100g

  ③ 6000kg＝6 t

  ④ 8000kg

  ⑤ 12t500kg

4 ① kg, t

  ② t, kg

  ③ t

  ④ g

答え